ギリシャ神話では、想像力と魂の象徴であるペガススは、首を掻き切られて殺されたメドゥーサ（ゴルゴン三姉妹のひとり）の傷口から完全な形で生まれたとされる。それはちょうど、ユニティ（統一されたひとつのもの）が分割されて"数"が生まれ出たのと似ている。ペガススの最初の行動は、文芸の女神ムーサ（ミューズ、music〔音楽〕の語源）たちの住むヘリコン山へ飛んで行くことだった。ペガススは山腹にひづめを打ちつけ、「霊感の泉」を湧き出させた。

〈ダイアグラム〉の不思議

半対角線が創り出す驚きの幾何学

アダム・テットロウ 著　駒田 曜 訳

創元社

「われは一にして二に変わりしもの
われは二にして四に変わりしもの
われは四にして八に変わりしもの
そののちのわれは一なり」
エジプトで出土したペタムンの棺（185年頃）に記されたトト神の言葉

ハイファの変わらぬ愛とユーモアとサポートに、そしてわが家族——イドリスとサエナとオーク、リズとトレント、ママとパパ——に、また英国と海外の友人と親族たちに、感謝を捧げる。編集者兼イラストレーターのジョン・マーティノウ、わが師たるジョン・ニール、故キース・クリッチロウ、ポール・マーチャントには特別の謝意を表したい。本書は、R・A・シュワレール・ド・ルビッチとハンス・カイザーの著作群、マルコム・スチュアートの『Patterns of Eternity』、ジェイ・カプラフの『Beyond Measure』、ジョージ・ウォーカー＆ジム・トルピンの『By Hand and Eye』に多くを負っている。また、以下の方々に心よりお礼を申し上げる。ダニエル・ドチャーティ、レオン・コンラッド、ジョン・アレン、マイケル・シュナイダー、マイケル・フレンダ、リン・ドゥオン、サラ・ホール、デヴィッド・ヘスキン、アロリア・ウィーヴァー、トム・ブリー、アール・フォンテネレ、アダム・ソマー、ヒュー・ニューマン、クリスティン・ローン、ハワード・クロウハースト、ロバート・テンプル、ロビン・ヒース、デズモンド・ラザロ、カーチャ・モノス。
画像クレジット：「はじめに」の左ページの版画＝ from Academie de l'Espée by Gerard Thibault d' Anvers, 1628, pp.42-43 ＝ George Walker & Jim Tolpin、pp.10, 54-55 ＝ Patrick-Yves Lachambre、p.58 ＝ after a graphic at harmonikzentrum-deutschland、pp.39, 52, 56-57 ＝ from Hans Kayser's Manual of Harmonics、p.28 ＝ after Lucie Lamy、pp.35, 51 ＝ Santa Maria Novella after Kappraff、p.56 ＝ after Willibald Limbrunner、p.45 ＝ after Robert Chitham、pp.38-39 ＝ from Temple of Man by R.A.Schwaller de Lubicz、p.56 ＝ Daisy Martineau。
本書と関係が深いジョン・ニール『Ancient Metrology』も参考にされたい。著者のサイトは www.adamtetlow.net。

上の2点：ジョルダーノ・ブルーノ［1548-1600］による"幾何学印章"。彼はこれらの図形をマテシス（数・計量を通じた自然の理解）に利用した。左は「愛の図形」。右は「知性の図形」で、六芒星の図形が入れ子のようになっている。
前ページ（本扉）：〈ダイアグラム〉の錬金術版。シュテファン・ミヘルシュパヒャーの『Cabala, Spiegel der Kunst und Natur: in Alchymia』（1615）より

もくじ

はじめに

現実の姿には、永遠に変わらぬ"かたち"の作る風景、生きた宇宙秩序（コスモス）の姿、自然の精神という"不変なるもの"が——すなわち、愛と意識と数が、映し出されている。ピタゴラスの時代から存在するペレニアル哲学（永遠の哲学）は、こうした原理はそれ自体が宇宙特有の現象の航跡であり、ユニティ（統一されたひとつのもの）と呼ぶべき分割不能な根源、量も定義も持たない本来的な"質"を表しているとしている。

　数を学ぶことはユニティを学ぶことであり、古代のカリキュラムは、数同士の相互関係の中で示される質的なふるまいを通じてユニティを探求する行為を、算術、幾何、調和学という枠組みで組み立てていた。古代遺跡や伝統的な工芸技法の中に、あるいは現存する古代の哲学や数学のテキストの中に時折見いだされる最初の「数についての学問」の断片では、調和（すなわち分割された部分同士の比較や統合）が中心的な位置を占めている。しかし、これらの学問がエジプトから古代ギリシャに受け継がれる間に、その象徴的な根源は歴史の迷宮の中に失われ、それらをひとつの大きな学問に統一する手段も輪郭がぼやけてしまった。

　"数をめぐる諸学"の融合を再び実現しようとする探求は、ヨハネス・ケプラーの調和幾何学の研究業績や、幾何学的調和を持つ平均律音階へとつながった。そして、本書のテーマである〈ダイアグラム〉、つまり正方形の中に描かれたシンプルな幾何学図形は、「普遍的調和」の生き生きとした姿やふるまいを明らかにするだけでなく、世界中の古代社会の意図と目標を照らし出し、アリストテレスが「最高善」と認めたもののありさまを思い起こさせる。

1から多数へ
創造としての割り算

創造は、永遠を分割・縮小することから始まる。ユニティ（統一されたひとつのもの）は、自己創造的な分割によって、互いに異なりつつも相補的な"部分"という塊に分かれる。この根源的な分割は、哲学者たちには時代を超えて知られていた。プラトン［紀元前425-347］は、線分のより大きい部分に対する小さい部分の関係が、全体に対する大きい部分の関係と同じである場合を、完璧な切断であるとした。その比は黄金比と呼ばれており、1：φ（ファイ）ないし1：Φ（ファイ）で表す（下図。本書では小文字のφ≒0.618、大文字のΦ≒1.618とする）。

自然界や数学に現れるφについては多くの書物に記されているが、数そのものの神秘的なことわり、無限を分割したり区切ったりする機能は、気に留められないことが多い。

プラトンは、「永遠に流れ続ける本質の泉」である宇宙霊魂は、宇宙の工匠である"かたち"ないし"ユニティの比率"によって、2つの環をX字形に結合させて造られたもので、「すべての尺度と調和を含む」としている。その形はテトラクテュスと呼ばれ、2と3で掛け算や割り算をした時に作られるさまざまな振動数ないし音（同じ音程関係を持ついろいろなオクターブ）の"地図"をなしている（右ページ上）。

テトラクテュスの中の音を表す数同士の関係から生み出されたのが、ピタゴラス音律である。オクターブ（12：6）、五度（9：6）、四度（8：6）の純正な音程と、それらを統合して最も一般的な音階（右ページ下）にするための音程が得られる。この音階の振動数は、プラトンにとって「われわれの魂の中の軌道に近しい」ものであった。

0   φ   1

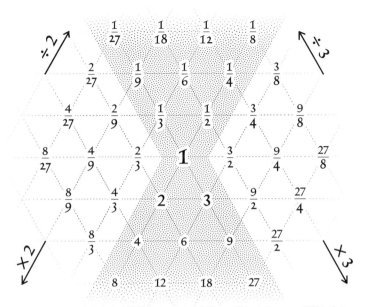

テトラクテュス、すなわち宇宙霊魂は、2と3を使って作れるすべての関係を含んでいる。右上がりの場合は2で割り、左下がりの場合は2を掛け、左上がりの場合は3で割り、右下がりの場合は3を掛ける。すると、異なるオクターブで同じ音程が現れる。

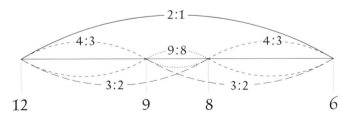

ピタゴラス音律を整数比で表したもの。6を12にすること（2倍）はオクターブ、すなわち2：1である。9は五度（3：2）で、6と12の算術平均である。8は四度（4：3）で、6と12の調和平均である（平均については次ページを参照）。9：8は全音である。

幾何学と和声

宇宙の秩序をひとつに結び合わせるもの

2つの数がある時、両者の間には比が生まれる $(a:b)$。複数の比の関係は比例式で表される $(a:b=c:d)$。プラトンの友人だったアルキタス [紀元前428–347] は、比と比例式を扱う学問を「理知」と呼んだ。

プラトンにとって、人間が生きる世界は、算術平均、幾何平均、調和平均 (右ページ) という3つの平均の働きを通じて魂の中に姿を現し、実体として具現化されるものであった。プラトンはこれらの平均を、相反する性質を結びつける力として理解していた。

この3つの平均は、2つの正の数について、次のように定義される。算術平均は、2つの項の和の2分の

1である。調和平均は、2項の積の2倍を、2項の和で割ったものである。幾何平均は、それを2乗した時に2項の積と等しくなる値である。黄金比 φ では、任意の4つの項の並びの中に上記の3つの平均がすべて含まれているが、これは至極当然と言える (右ページ)。

中世ヨーロッパの思想家にとっては、この3種類の平均を理解していることが重要だった。かつてチェスと同じくらい人気があった古代のゲーム「リトモマキア」(下) は、3種類の平均すべてを得られるような数字が記された駒4個を獲得すると勝ちだった。

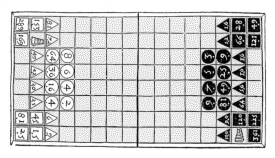

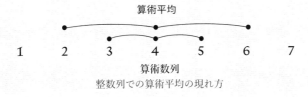

整数列での算術平均の現れ方

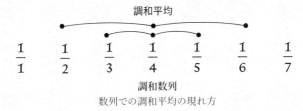

数列での調和平均の現れ方

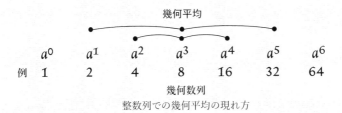

整数列での幾何平均の現れ方

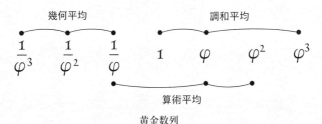

黄金数列
任意の4つの連続した項の間で、3種類すべての平均が体現されている。

対角線

幾何学の誕生

幾何学図形の対角線は、その長さが正の有理数（分母も分子も正の整数である分数の形で表せる数）ではない場合でも、驚くほど調和的な分割を行う性質を持つ。

右ページ左上の図のように、長方形の頂点から対角線に向かって垂線を引くと、元の長方形と縦横比が同じ（つまり、相似な）小さい長方形（グレーの網掛け部分）ができる。どんな長方形も、中心点は、2本の対角線の交点である。この交点の性質は半対角線（頂点から対辺の中点に引いた直線）にもあてはまり、そこから長方形の辺を調和的に分割するプロセスをさらに進めることができる（右ページ右上）。横断線は、

対角線の性質を利用して、長方形の縦の辺から横の辺（またはその逆）に同じ割合の分割を移す（右ページ中段と下）。

幾何学の最も単純な形の例である正方形、辺の長さの比が1：2の長方形、正六角形は、辺の長さを整数の比で表せる時でも、対角線は有理数にならない（下）。こうした数を現在は無理数と呼ぶ。しかし古代エジプトやピタゴラス派の哲学者たちにとって、分数で表せない数は、ある整数から別の整数へ変動する動きの途中、つまり妊娠のような"生きている過程"であり、「数」ではなく「値」とみなされた。

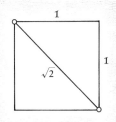
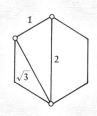
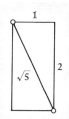

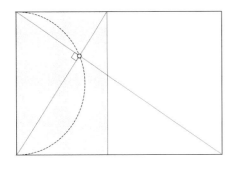

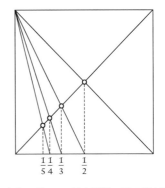

$$\frac{1}{5} \quad \frac{1}{4} \quad \frac{1}{3} \quad \frac{1}{2}$$

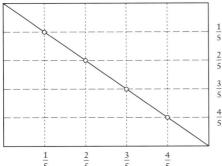

上左：グレーの長方形は、元の長方形の短辺を直径とする半円を描き、その弧と対角線の交点に頂点から引いた直線（垂線になる）の延長が長辺と交わる点を得ることによって定義される。このグレーの長方形は元の長方形と相似である。

上右：正方形の対角線から出発して得られる一連の調和分割。

中段：対角線と横断線によって、短辺から長辺へ（およびその逆に）分割比率を移すことができる。

下段：横断線はかつて、この図のノギスのような測定器具で長さを測る際に利用された。これにより、目盛りをより高い精度で読み取ることができた。天文学者チコ・ブラーエ［1546-1601］はこの方法で、当時最高の精度を持つ測定装置を作った。

左ページ：正方形、正六角形、辺の長さの比が1：2の長方形の、対角線の長さ。$\sqrt{2}$、$\sqrt{3}$、$\sqrt{5}$という、「分子と分母がともに整数である分数では表せない数」（無理数）が現れる。

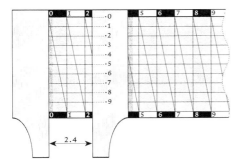

〈ダイアグラム〉とは何か

調和の幾何学

———————

プラトンの思想に影響を受けた哲学者ボエティウスの作と称される『幾何学』の中に、ピタゴラス学派が用いた「数と音の比を線と幾何学的演算で表わした図（*diagramma*）」についての説明がある。本書が扱うのは、幾何学と和声のマリアージュといえるこの図で、以下これを〈ダイアグラム〉と呼ぶ。

正方形を使って〈ダイアグラム〉を作るには、8本の半対角線 (頂点から対辺の中点に引いた直線) を描けばよい。これらの半対角線が互いに交わることで、多くの調和的分割が現れる。正方形の場合、辺の長さの半分と半対角線の長さの比は1:√5である。これはまた、5の平方根という形で黄金比〔1:$\frac{1+\sqrt{5}}{2}$〕が働いて、幾何学の形の中で整数を生み出していると考えることもで

きる。

〈ダイアグラム〉の奇跡のような特性は、美術史と建築史のあちこちに見出すことができる。最初にこれに気付いたのはおそらくハンス・カイザー［1891–1964］で、彼はピタゴラスの除算表 (18-19ページ) に見られる音程と数の関係や、中世のバーゼルの金細工師の図の中にそれを発見し、「調和分割の規律（カノン）」と名付けた。マルコム・ステュアートはこれを「スターカット (星状の切断)」と呼び、ヴェーダ建築、タータンチェックの織物、中世スペインの剣術の教本 (「はじめに」の左ページ) にも見られると述べている。

驚くべきことに、この〈ダイアグラム〉の分割原理は、どんな長方形やひし形にも、さらにはどんな三角形にも適用できる (下)。

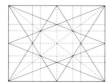 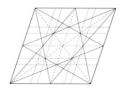 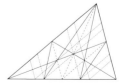

〈ダイアグラム〉

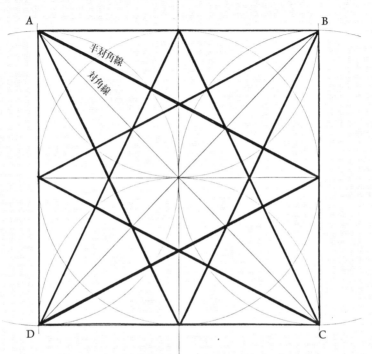

A B

半対角線

対角線

D C

左ページ：〈ダイアグラム〉の分割の特性があてはまるのは、正方形だけではない。任意の長方形やひし形にも適用できる。三角形は、各辺の中点を求め、〈ダイアグラム〉の半分を描けばよい。

上：〈ダイアグラム〉は、正方形に8本の半対角線を引くことで作られる。8本の線が作る"つぶれた星形"は、図形の調和的な分割を生み出すだけでなく、他にも数多くの優れた特性を備えており、7000年以上も前から建築家や意匠デザイナーに愛用されてきた。

3：4：5の三角形
宇宙を作る建築用ブロック

　三辺の比が3：4：5の三角形は、プラトンによって「宇宙を作る建築用ブロック」と呼ばれた。各辺の比が調和的で、ゆるぎなく定まっている。古代の巨石遺構（55ページ）に既にこの比率が現れ、古代エジプトではクフ王の大ピラミッドの「王の間」やメンカウラー王のピラミッド（下）の寸法に見られる。つまり、ピタゴラスが数学の中にこの図形を位置づけるより何千年も前から使われている。

　〈ダイアグラム〉を構成する半対角線は、この三角形をさまざまなスケールで描く（右ページ）。最大のもの（右ページ上の図の薄いグレーの三角形はそのひとつ）が4つ重なった部分は、この三角形の短辺を3とした時に半径が1である内接円（濃いグレーの円）を持つ正方形を作り出す。3：4：5の三角形は非常に実用的で、何千年もの間、建築家が直角を得るために使ってきた。

　プルタルコスはイシスとオシリスの神話を語る際に3：4：5の三角形を取り上げて、「エジプト人は三角形の中で最も美しいこの形を高く評価している、なぜなら、それが宇宙の本質に最も近いと考えているからだ」と述べている。彼は、三角形の辺を神話の神々にたとえ、オシリスは3の辺で「原因」を、イシスは4の辺で「生成の場所」を、ホルスは5の斜辺で「世界」または「知覚可能なもの」を表すとして、それが哲学に遺した影響を示唆している。

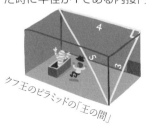

クフ王のピラミッドの「王の間」

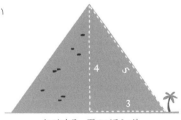

メンカウラー王のピラミッド

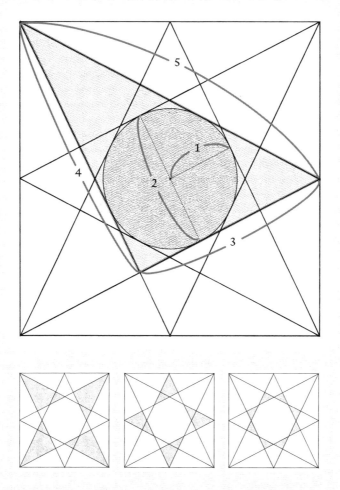

〈ダイアグラム〉は、さまざまな大きさの3:4:5の三角形を構成要素として持つ。

2分の1と4分の1

オクターブ

　円、長方形、正多角形の幾何学は、半分と2倍の原理と分かちがたい関係にある。すべての円や正多角形は中心線で半分（同形の2個）に分けることができ、すべての長方形はそれに加えて対角線でも半分にできる。

　音楽にも同じことが言える。弦の長さを2倍にすると1オクターブ下の音になり、半分にすると1オクターブ上の音になる。1に$\frac{1}{2}$を足すと$\frac{3}{2}$で、五度の音程になる。古代エジプトでは、この原理を司るのは、楽器をもたらした神トトであった。エジプトの「ペタムンの棺」に記されたトトの言葉（もくじの左のページのエピグラフ）は、この倍音

の原理を表すとされる。

　右ページの〈ダイアグラム〉は、自然に2分の1が生成する原理を示している。大きめの〇印は2本の半対角線が交わる場所で、これにより正方形の辺を2分の1と4分の1に分割する位置が見つかる。小さい〇印は、正方形の内接円と、各辺を直径とする半円によって、4分の1が導かれることを示している。

　下の図は、2分の1を生成する原理をさらに進めることで8分の1（右）と16分の1（左）が得られることを示している。

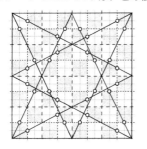

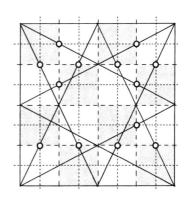

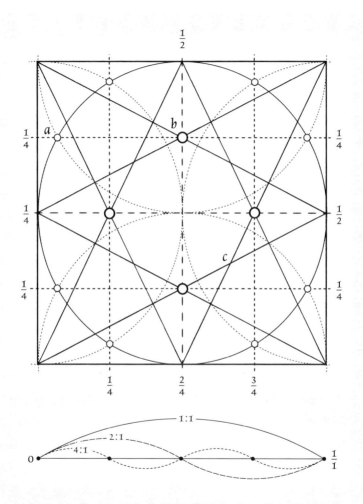

上：〈ダイアグラム〉に現れる2分の1（大きい○印）と4分の1（小さい○印）の点。
下：弦の長さを2分の1と4分の1にすると、1オクターブ上と2オクターブ上の音が
得られる。

3分の1と6分の1

そして、12分の1も

コンパスを用いて1本の線分を正確に3等分するのは困難だが、〈ダイアグラム〉には3分割のための結節点がちゃんと存在する（右ページ上の図の大きめの○印）。実際、絵画の構図や建築物の設計において「三分割法」が非常にポピュラーになったのは、〈ダイアグラム〉を使えばどんな長方形でも容易に3分割できることが理由だったかもしれない。

右ページの〈ダイアグラム〉は、調和的な比率がどのように結節点を支配しているかを示している。$\frac{1}{3}$ は $\frac{1}{2}$ と $\frac{1}{4}$ の調和平均（4-5ページ、36ページ）であり、$\frac{2}{3}$ は1と $\frac{1}{2}$ の調和平均である。弦の長さが3分の1増えると $\frac{4}{3}$ で、音楽においては四度、つまり陽気な五度の音程に対する癖のある兄弟になる。

3分割の結節点を通る水平線と垂直線は、他の半対角線と交わる点（右ページ上の図の小さい○印）によって、辺の6分割を与えてくれる。

この手法を再度行うと——つまり6分割の結節点を通る水平線と垂直線を引くと——、それが半対角線と交わる点によって12分割が得られる（下の図の○印）。このプロセスを繰り返すことで、さらに半分、そのまた半分と次々に小さく分割できる。

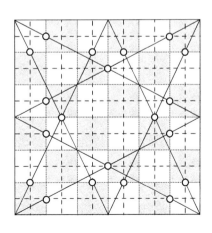

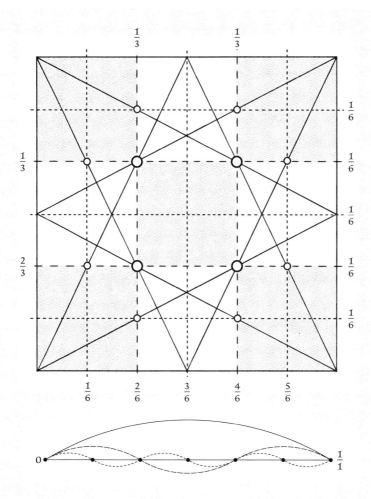

上の図：〈ダイアグラム〉では、3分の1や6分の1を難なく得ることができる。

5分の1

および10分の1

5分の1は、〈ダイアグラム〉に追加で線を引かなくても手に入る最後の分数である。半対角線同士の交点のうち辺に一番近いもの（右ページ上の図の○印）は、各辺の完全な5分の1を与える位置にある。それらを通る水平線と垂直線を引けば、5×5のマス目ができる。

この場合も、さらに半分に分割できる。5×5のマス目の線が半対角線と交わる点が新たな結節点となり、それを使えば辺は10分割される（右下の図）。そして、この"半分を作る"性質は無限に続くので、20分の1、40分の1……と分割していくことができる。

5分の1を作る結節点も、やはり、両側の結節点の調和平均になっている。$\frac{1}{3}$と$\frac{1}{2}$の調和平均は$\frac{2}{5}$、$\frac{1}{2}$と$\frac{3}{4}$の調和平均は$\frac{3}{5}$、$\frac{2}{5}$と1の調和平均は$\frac{4}{5}$である。

ピタゴラス音律では、音階

のすべての音の周波数は2と3の倍数に基づいている（3より大きい数が出てこないので3-limit音律とも呼ばれる）。音階が2と3と5の倍数で規定される場合は5-limit音律で、純正律と呼ばれる。純正律では5：4、6：5、10：9、25：24などの音程を作ることで、使える音の幅を広げることができる。

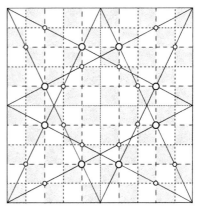

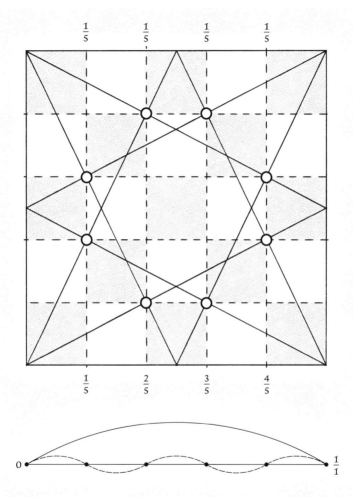

$\frac{1}{5}$　$\frac{1}{5}$　$\frac{1}{5}$　$\frac{1}{5}$

$\frac{1}{5}$　$\frac{2}{5}$　$\frac{3}{5}$　$\frac{4}{5}$

0　　　　　　　　　　$\frac{1}{1}$

上の図：〈ダイアグラム〉で5分の1を得る方法。○印の点を通る水平線と垂直線で、5×5のマス目ができる。

ピタゴラスの除算表

数、音楽、幾何学

ピタゴラスの除算表（右ページ）は、小学生にもおなじみの掛け算（九九）の表の"兄弟"である。九九が自然数の掛け算の組み合わせを示すのに対して、除算表は自然数の割り算の組み合わせを示す。ピタゴラスの除算表は、イアンブリコス [245–325] の注釈書に書かれているのをアルベルト・フォン・ティムス [1806–1878] が見つけ、その後ハンス・カイザーが発展させた。〈ダイアグラム〉の内容を数字で表したものといえる。

左上から右下までの対角線上の数はユニティ、すなわち1である（九九の場合は、左と上の欄外に書かれた数を掛けるので、対角線上の数は2乗になる）。対角線よりも上または下にある数は、対角線をはさんで線対称の位置にある数の逆数である。縦線上に並ぶ数からは、算術平均がわかる。横線上に並ぶ数からは、調和平均がわかる。この正方形の表を使って右辺の長さを任意の割合で縮小・拡大するには、原点Oから希望の割合の数字を通る線を引き、右辺ないしその延長線上に投影すればよい。この方法は、弦が1本の楽器「モノコード」（下図）でどこに駒を配置するかを割り出すのに使われる。

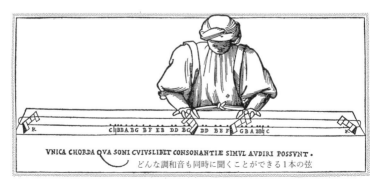

VNICA CHORDA QVA SONI CVIVSLIBET CONSONANTIE SIMVL AVDIRI POSSVNT・
どんな調和音も同時に聞くことができる1本の弦

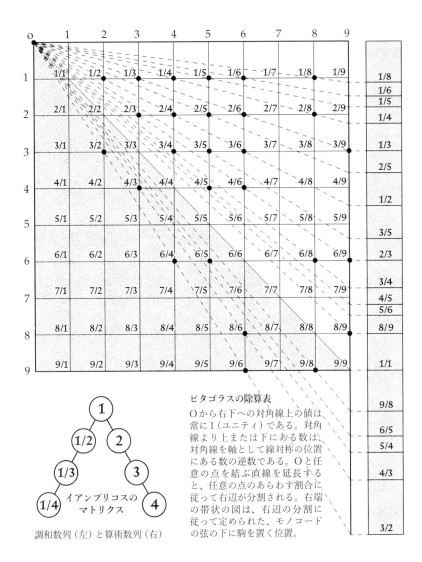

ピタゴラスの除算表

Oから右下への対角線上の値は
常に1（ユニティ）である。対角
線より上または下にある数は、
対角線を軸として線対称の位置
にある数の逆数である。Oと任
意の点を結ぶ直線を延長する
と、任意の点のあらわす割合に
従って右辺が分割される。右端
の帯状の図は、右辺の分割に
従って定められた、モノコード
の弦の下に駒を置く位置。

イアンブリコスの
マトリクス

調和数列（左）と算術数列（右）

7分の1

および9分の1

　正方形の辺を7等分するには、〈ダイアグラム〉の5分の1の結節点（右ページ上の図の●印。16-17ページ参照）と3分の1の結節点（同、◎印。14-15ページ参照）を通る直線（図では破線で示す）を引けば良い。別の方法として、各辺の4分の1の点から対辺の2分の1の点まで線を引き、それらと半対角線との交点に印をつけることでも、7分の1が得られる（右ページ左下）。さらに、正方形の上下の辺を5等分し、それぞれの5等分点から、対辺上で対面する位置の両隣にある5等分点まで直線を

引き、それらと〈ダイアグラム〉の半対角線の交点から7分の1を見つける方法もある（右ページ右下）。西洋音楽では弦の7分割や7の倍数の和音は使われないが、アラブ音楽のマカームでは使われている。

　9分の1を得る場合は、各辺の4分の1と4分の3の点から対辺の2分の1の点に線を引き、半対角線との交点を取る（下左）。または、各辺を5等分した点から対辺上で対面する位置の両隣にある5等分点に引いた線と、半対角線の交点を利用する（下右）。

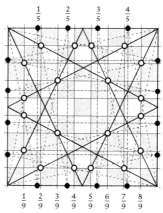

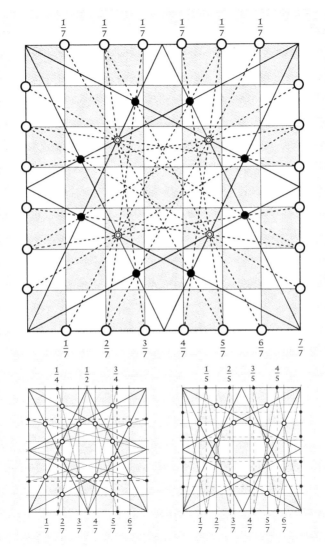

11分の1

地球と月と円周率

〈ダイアグラム〉は、5分の1の結節点（下図の●印）と、中心点をはさんで向かい側にある2分1の結節点（同、◎印）を使って、エレガントに11等分を生み出す。十一度の音（11-limit音律）は音楽ではほぼ使われない。ただし、現代音楽作曲家のハリー・パーチ［1901-1974］だけは例外である。

右ページの図は、ジョン・ミッチェル［1933-2009］の図に基づいている。そこでは、地球（直径を11とする）と月（直径3）の大きさの比較には3：4：5の三角形が隠れているという驚くべき関係が示されている（図の左上部分の三角形が3：4：5）。また、この作図は、どうすれば周の長さが同じ正方形と円を描けるかという古代からの問題を解くとともに、ギザの大ピラミッドの底辺と高さが440×280ロイヤルキュビット（11：7）で、周の長さが同じ正方形と円を

結び付ける比と同じであることを示している。

垂直な辺が持つ逆数の性質（33ページ）を利用すれば、$\frac{11}{7}$の長さを簡単に描ける。右ページの図では地球を囲む正方形の辺の長さが1とされているので、この正方形の左下の頂点から、上の対辺上の$\frac{7}{11}$の点（月を囲む正方形と地球を囲む正方形が接する部分の右端）を通る線（点線で示す）を図のように延長すると、高さ$\frac{11}{7}$の三角形ができる。

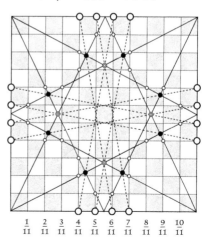

$\frac{1}{11}$ $\frac{2}{11}$ $\frac{3}{11}$ $\frac{4}{11}$ $\frac{5}{11}$ $\frac{6}{11}$ $\frac{7}{11}$ $\frac{8}{11}$ $\frac{9}{11}$ $\frac{10}{11}$

月と地球の関係、および
正方形と周の長さが等しい円を描く方法

月と地球を図のよう
に並べると、3：4：5
の三角形が現れる。

正方形の底
辺から$\frac{11}{7}$の
高さ。$\frac{\pi}{2}$の
近似値でも
ある（πは円
周率）。

$$\frac{4}{7}$$

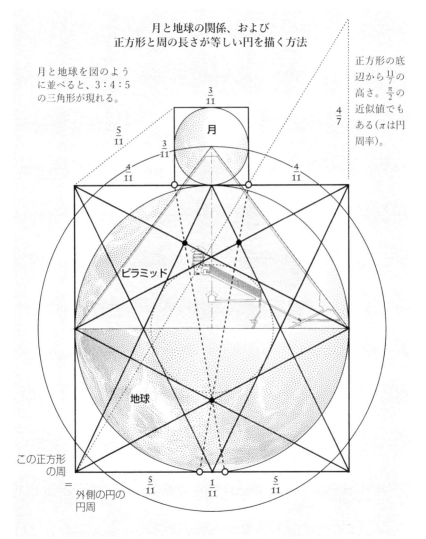

$$\frac{3}{11}$$

月

$$\frac{3}{11}$$

$$\frac{5}{11}$$

$$\frac{4}{11}$$

$$\frac{4}{11}$$

ピラミッド

地球

この正方形
の周
＝
外側の円の
円周

$$\frac{5}{11}$$

$$\frac{1}{11}$$

$$\frac{5}{11}$$

13分の1とその先

どんな分数も見つけられるのはなぜか?

〈ダイアグラム〉ではどんな分数も見つけることができる。例として、13分の1を得る方法(右ページ左上)や、17分の1を生み出す方法(同、右上)を示す。だが、なぜそれができるのだろうか?

長さを半分にする操作と2倍にする操作は、対角線を共有する長方形が相似になる原理を利用している(下)。〈ダイアグラム〉では、辺に平行な直線は(辺を2等分する直線を除いては)、いずれも6本の半対角線と交わる(右ページ左下)。すると、その交点を通る垂直線・水平線によって、辺の比が1:2の長方形(例:同、図の左上の白い長方形)が作られる。この長方形と対角線や半対角線との交点から、次々に元の長さの半分を得ることができる。

これまで見てきたように、3分の1、4分の1、5分の1は2本の半対角線の交点から得られ、また、それらを次々に半分にしていくことができる。その他のすべての分数は、13分の1と17分の1の例で見たように、既出の分数を求めた際の結節点を通る線と、半対角線との交点を利用して求められる。これはファレイ数列の和(52ページ)の一形態である。

〈ダイアグラム〉を使って他の分数を求める方法としては、半対角線の調和平均(すなわち$\frac{1}{2}$)と、他の等分点の組み合わせでできる長方形の対角線が、正方形の辺と交わる点を使う手もある。例えば、$\frac{1}{2}$と$\frac{4}{5}$の調和平均は$\frac{8}{13}$であり、$\frac{1}{2}$と$\frac{5}{7}$の調和平均は$\frac{10}{17}$である。

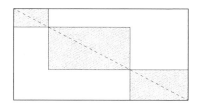

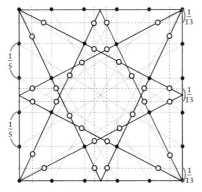

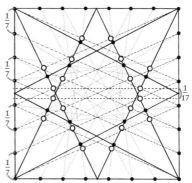

13分の1の結節点（○印）は、正方形の辺を5等分した点から5：3の長方形を考えてその対角線になるように引いた直線と、〈ダイアグラム〉の半対角線との交点から得られる。

17分の1の結節点（○印）は、正方形の辺を7等分した点から7：3の長方形を考えてその対角線になるように引いた直線（図中の斜めの破線）と、〈ダイアグラム〉の半対角線との交点から得られる。

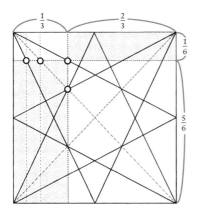

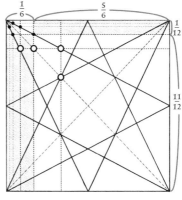

〈ダイアグラム〉の本来的な2等分特性：任意の間隔で正方形を分割する垂直線（この図では3分の1を使用）は、その間隔の半分（6分の1）で最初の半対角線と交わる。

2等分の操作を連続的に行う：左図で得られた6分の1の点を通る水平線が別の半対角線と交わると、12分の1が得られる。これは無限に繰り返すことができる。

ヘリコン

ムーサ（ミューズ）の女神たちが住む山

ピタゴラス学派の楽器「ヘリコン」は、ギリシャ神話のムーサの女神たちが素晴らしい踊りを踊る場所、霊感の座であるヘリコン山（口絵）にちなんで名づけられた。楽器の形は〈ダイアグラム〉の一部分を再現しており、4本の弦が2分の1と3分の1の結節点を通る位置に張られ、弧を描くように動く駒が半対角線の役目をする（右ページ上）。この古代の楽器は、駒を動かすだけで正確に任意のキーに調律できるという、非常に珍しい特性を持っている。

偉大な天文学者プトレマイオス[100頃-170頃]は、和声学に関する短い本を書き、その中でこの楽器について説明して、4弦ではなく8弦にした改良版（下図および右ページ下）を提示した。彼はまた、和音の音程と音色の作用を、法の役割と裁判の役割、黄道の分割、人間の魂の中における気質の振り子のような揺れになぞらえている。

このように、〈ダイアグラム〉は、幾何学だけでなく想像力、霊感、音楽といった古代の思想の中にも深く根を下ろしている。

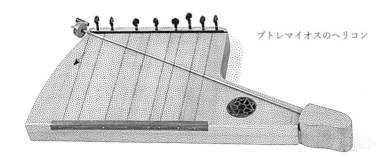

プトレマイオスのヘリコン

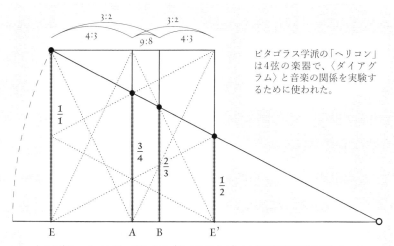

ピタゴラス学派の「ヘリコン」は4弦の楽器で、〈ダイアグラム〉と音楽の関係を実験するために使われた。

上：4弦のヘリコンは、明らかに〈ダイアグラム〉と同じ幾何学原理に基づいている。弦の長さと位置は〈ダイアグラム〉の結節点によって定められ、回転運動で移動する駒は〈ダイアグラム〉の半対角線の1本と共通する役割を果たす。

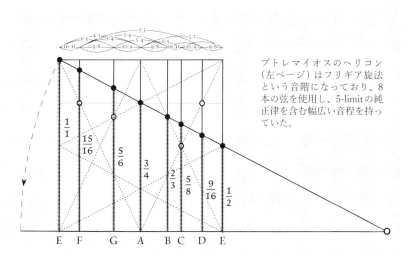

プトレマイオスのヘリコン（左ページ）はフリギア旋法という音階になっており、8本の弦を使用し、5-limitの純正律を含む幅広い音程を持っていた。

黄金比

創造をもたらす力

〈ダイアグラム〉で重なり合う大きな3：4：5の三角形に内接する円（11ページ）は、一連の黄金比関係を規定する（右ページ左上）。この円と周囲の4つの小さな円は、直径の比が1：φである。

内接円の中心を通り底辺と平行な直線を引き、それと円周の交点を中心に、正方形に接する円を2つ描くと、重なる部分の弧は円周の5分の1になる（右ページ右上）。エジプトのアビドスにある謎めい

たオシリス神殿（オシレイオン）もこれと同じ構造をしている（下図はルーシー・ラミーの分析による）。

正方形の辺を各頂点から1：φの割合で分割すると、〈ダイアグラム〉の黄金比版ができる（右ページ下）。

黄金比の力は、現実と〈ダイアグラム〉のどちらにおいても創造の種子ないし原因として働き、すべての美しい分割を生み出す。

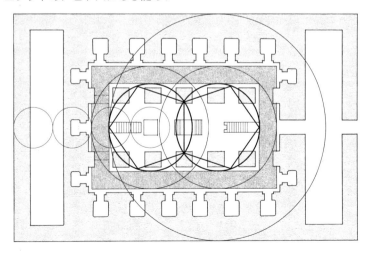

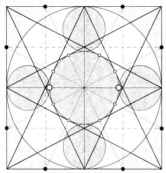

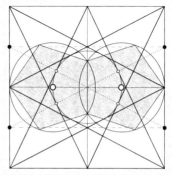

3：4：5の三角形に内接する円は、周囲の4つの小さい円との直径の比が1：φであり、その外側の大きな円とは直径が1：√5の関係にある。

正方形を2等分する水平線と中心部の円の円周の交点（大きめの○印）を中心として図のように描かれた2つの円は、重なり合う部分によって自らの周を5等分する。

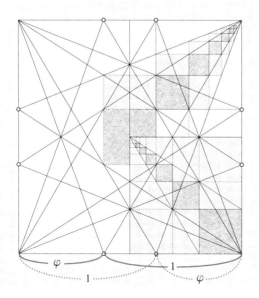

左：黄金比版の〈ダイアグラム〉

この図の斜線は、これまで見てきた〈ダイアグラム〉と同様に図形を分割するが、結節点は黄金分割の点のみにできる。まず、正方形の各辺上に、頂点からの距離が1：φになる点を取り（図中の小さな○印。1辺に2ヵ所できる）、各頂点と対辺上の各点を結ぶ。これにより、黄金比を持つ四角形がさまざまな大きさで得られる。

平方根と長方形

古代の測量士の秘密

〈ダイアグラム〉の最も不思議な特性は、おそらく、正方形に内接する円との関係だろう。〈ダイアグラム〉の半対角線とこの円の円周との交点が、整数比を持つ長方形を作るための結節点になるのである。2辺の比が1：2の長方形（右ページ左上）、1：3の長方形（同、右上）、1：7の長方形（同、左下）は、いずれも対角線の長さが同じ（円の直径＝正方形の辺の長さ）である（同、右下）。

この3種類の長方形について、4分の1の結節点（13ページ上の図の○印）同士を〈ダイアグラム〉の中心を通る直線で結ぶと、長方形は整列されているので、マルタ十字を描くことができる（右図）。ちなみに、マルタにはヨーロッパでも特に古い巨石遺構がいくつかある。また、フランスのブルターニュ地方のカルナックにあ

る列石にも、調和的な比率の長方形を利用した石の配置が見られる（54-55ページ）。

1：2、1：3、1：7の長方形が作る格子は、一連の黄金比（φ：1：Φ≒0.618：1：1.618）を生み出す（下図）。この格子は、内側の円の内部で1：√5の比で繰り返され（図では1：3の長方形だけが見えている）、〈ダイアグラム〉が自己相似のフラクタル系になる。

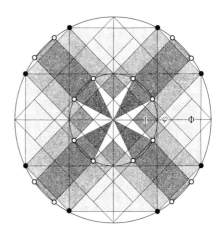

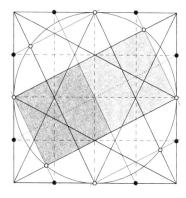

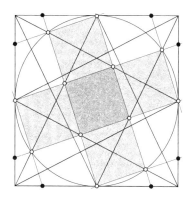

〈ダイアグラム〉と内接円の交点から作
られる1：2の長方形。この2個の長方
形がなす十字は、左傾と右傾がありう
る。上図は左傾。

〈ダイアグラム〉と内接円の交点から作
られる1：3の長方形。ここでも左傾（上
図）または右傾のどちらも作りうる。中
央の正方形は半対角線に接する。

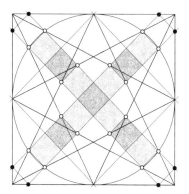

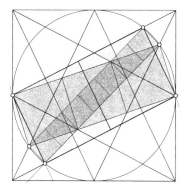

〈ダイアグラム〉と内接円の交点から作
られる1：7の長方形。正方形の頂点の
方向を向いている。この長方形を延長
した時に円の外にできる新たな正方形
は、外枠をなす正方形の辺に接する。

1：2、1：3、1：7の長方形は対角線の
長さが等しい。いずれの対角線も、内
接円の直径すなわち正方形の1辺の長
さと同じである。

逆数の関係

連続的な比例関係

何かと何かが、鏡のように反対の性質や、裏表のように対応する性質を持つことは多い。この関係はさまざまな場所で見いだされる。例えば、植物の根は下に、茎は上に伸びるし、われわれの内面の状態は、外部の出来事に対応する。

数学では、割り算は掛け算の逆である。数学における「逆数」は、ある数に掛けた結果が1になるような数のことで、例えば3の逆数は$\frac{1}{3}$、$\frac{2}{5}$の逆数は$\frac{5}{2}$である。逆数同士を掛けると1になるので、一組の逆数の幾何平均は必ず1になる（下図）。

〈ダイアグラム〉を使うと、簡単に逆数を図に描くことができる。正方形のいずれかの頂点から、対辺上で逆数を求めたい分数の点を通る直線を引いて、もう1本の対辺の延長線上に投影するだけでよい（右ページ上）。

幾何数列（等比数列）の投影は、逆比を利用するとわかりやすい。右ページ下の例では、〈ダイアグラム〉の隅に辺の長さが元の正方形の$\frac{1}{4}$である正方形（濃いグレーの部分）が描かれ、対角からその正方形の頂点を通る2本の直線が引かれている。$\frac{1}{4}$の正方形の辺において、この2本の直線と接していない方の端をこの線まで延長すると、1辺の長さが$1-\frac{1}{4}=\frac{3}{4}$倍、あるいはその逆数の$\frac{4}{3}$倍に縮小・拡大された正方形が、連続して生成する。

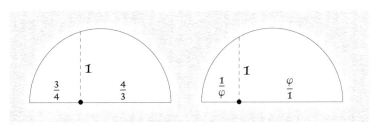

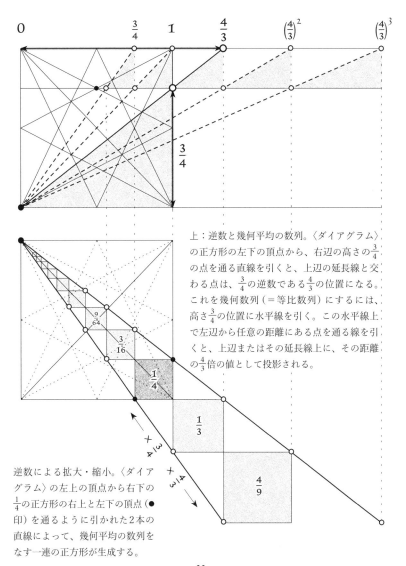

上：逆数と幾何平均の数列。〈ダイアグラム〉の正方形の左下の頂点から、右辺の高さの $\frac{3}{4}$ の点を通る直線を引くと、上辺の延長線と交わる点は、$\frac{3}{4}$ の逆数である $\frac{4}{3}$ の位置になる。これを幾何数列（＝等比数列）にするには、高さ $\frac{3}{4}$ の位置に水平線を引く。この水平線上で左辺から任意の距離にある点を通る線を引くと、上辺またはその延長線上に、その距離の $\frac{4}{3}$ 倍の値として投影される。

逆数による拡大・縮小。〈ダイアグラム〉の左上の頂点から右下の $\frac{1}{4}$ の正方形の右上と左下の頂点（●印）を通るように引かれた2本の直線によって、幾何平均の数列をなす一連の正方形が生成する。

幾何平均

垂線は役に立つ

　ルネサンスの建築家レオン・バッティスタ・アルベルティ［1404-1472］は、『建築論』の中で、「幾何平均は、数（の計算）から見つけるのは非常に難しいが、線を用いると明確にわかる」と述べている。そして、長方形の対角線に向けて対面する頂点から引いた垂線によって幾何平均が得られることを説明した（右ページ上と下）。

　この垂線は、驚くべき効果をいくつか持っている。特に、対角線と垂線の交点を通り長方形の辺に平行な直線によって元の長方形と相似な長方形ができ、その新たな長方形の頂点から対角線に垂線を引く作業を続けることで、最初の長方形と同じ比率で大きさが規則的に変化する長方形を連続的に描くことができる。建築家や幾何学者にとって便利な技法で、この点を最初に指摘したのは画家のジェイ・ハンビッジ［1867-1924］である。

　幾何平均を幾何学的に導き出すこの方法は、正多角形の入れ子の原理の説明にもなっている。3つの正多角形が下図のように入れ子になっている場合、真ん中の正多角形の1辺の長さは、常に、外側の正多角形と内側の正多角形の辺の長さの幾何平均になる。

　プラトンは、幾何平均が身体各部をひとつに結びあわせていると主張したが、それにも一理ある。花は入れ子状の多角形構造に従って花を咲かせる。DNAの横断面は入れ子になった正十角形で構成されており、それがほどけてわれわれの身体を作っている。

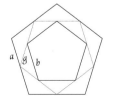
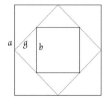
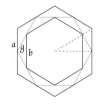

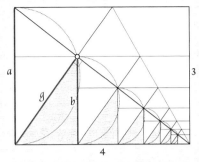

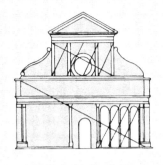

4：3の長方形において、対角線と垂線の交点から、図中のaとbの値の幾何平均gが得られる。

アルベルティが完成させたフィレンツェのサンタ・マリア・ノヴェッラ教会。対角線と垂線が利用されている。

右：長方形の対角線に引いた垂線によって連続的に作られる相似図形。これにより、この図中のaとbの値の幾何平均gも得られる。

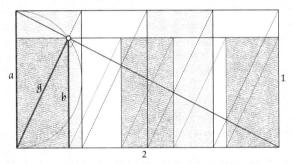

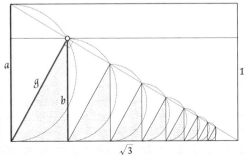

左：辺の長さの比が$1:\sqrt{3}$の長方形の対角線に垂線を引く操作を図のように繰り返すと、次々にサイズの小さい三角形が作られる。この三角形は正六角形の12分の1である（左ページ右下の図参照）。平行な2本の縦線（図の例ではaとb）同士を結ぶ斜め線の長さは、常にその2本の幾何平均（g）になる。

調和平均

後方へ、内側へ

　「調和平均」という名前を最初に考案したのはアルキタスだとされる。それ以前のピタゴラス学派では「後方と内側へ」を意味する言葉で呼ばれていた。この表現は、アレクサンドリアのパップス [290頃-350頃] の幾何学研究で言及された"3種類の平均すべてを結び付ける三角形"(右ページ)における操作の向きを表している。

　調和平均と算術平均は密接に関係している。任意の2つの値aとb

の積は、この2数の算術平均と調和平均の積に等しい（3種類の平均の関係を、このページ下と右ページに示す）。〈ダイアグラム〉では対角線と半対角線の交点から3分の1が得られる。1と$\frac{1}{2}$の調和平均が$\frac{2}{3}$なので、調和平均は対角線と交わる点として理解することができる。同じことはどんな長さにもあてはまる。プラトンの「魂の調和的な動き」も、この線の交わりを使って理解できるだろうか？

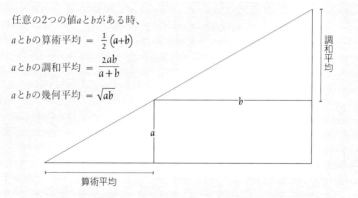

任意の2つの値aとbがある時、

aとbの算術平均 $= \frac{1}{2}(a+b)$

aとbの調和平均 $= \frac{2ab}{a+b}$

aとbの幾何平均 $= \sqrt{ab}$

図で示した部分の長さが、aとbの算術平均と調和平均になっている時には必ず、このような三角形になる。

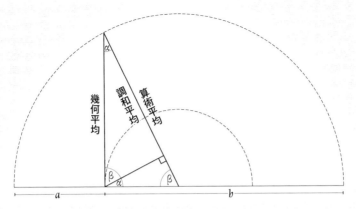

　3つのピタゴラス平均。直径が (a + b) の円の半径は、a と b の算術平均である。a と b の境目の点から円周へ向けて真上に引いた線の長さは、a と b の幾何平均になる。調和平均は、図のようにして求める。

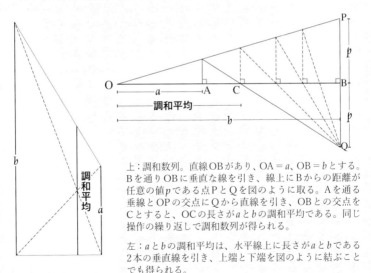

　上：調和数列。直線 OB があり、OA = a、OB = b とする。B を通り OB に垂直な線を引き、線上に B からの距離が任意の値 p である点 P と Q を図のように取る。A を通る垂線と OP の交点に Q から直線を引き、OB との交点を C とすると、OC の長さが a と b の調和平均である。同じ操作の繰り返しで調和数列が得られる。

　左：a と b の調和平均は、水平線上に長さが a と b である 2 本の垂直線を引き、上端と下端を図のように結ぶことでも得られる。

人体の規範
人間という宇宙

　人体を宇宙の像として捉える考え方は、古代の社会には広く見られる。古代の芸術家たちは、〈ダイアグラム〉に現れるのと同じ分割（分数）や調和比を、人体を描く際の各部分の比率に応用した（右ページ上）。

　R・A・シュワレール・ド・ルビッチ[1887-1961] は、古代エジプトの人体規範を分析して、人体を描く際の主要部分の位置取りをするために連続的な調和分割が使われていたことを示した。古代エジプトの「ネテル」（神、原理、本質）の絵を見ると、人体の比率が、反転した形で反映されていることがわかる（下）。偶然にも、頭飾りの高さと神の身長の比が月と地球の直径比と同じ3：11（22-23ページ）になっている。人体規範の別の例を右ページ下に示す。

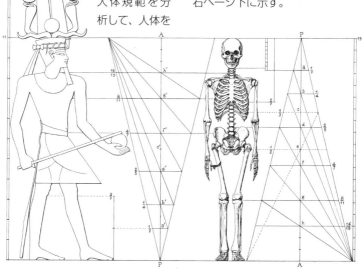

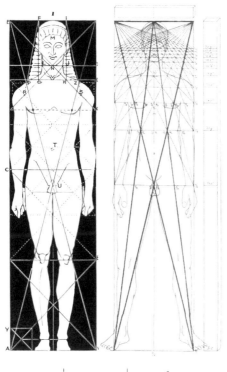

上段左：ジェイ・ハンビッジによる、古代ギリシャの人体規範の分析。男性像に、部分的な〈ダイアグラム〉を2枚、性器の位置を境に上下に鏡像のように重ねると、各部の比率がどう定義されていたかがわかる。

上段右：ハンス・カイザーによる〈ダイアグラム〉を用いた人体の分析に、13世紀のヴィラール・ド・オヌクールによる人体規範（太線）を重ねたもの。手だけは大きすぎるが、それ以外の人体と顔のすべてのキーポイントが調和分割にのっとっている。

下段左：シュワレール・ド・ルビッチによる古代エジプトの人体規範の図。すべての部分の比率の決定に調和分割が使われていることが示されている。

下段右：ヴィラール・ド・オヌクールが〈ダイアグラム〉の半対角線を利用して描いた人体図のひとつ。

左ページ：R・A・シュワレール・ド・ルビッチによるエジプトのネテルの図。

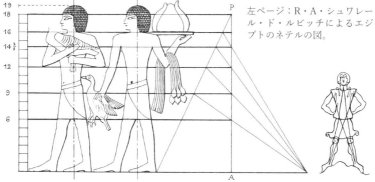

39

ヴィラールの規範

調和の取れたページデザイン

ヴィラール・ド・オヌクール [1200-1250] は、ゴシック建築の技法をわれわれが知るための手がかりを残してくれた、数少ない中世の建築家のひとりである。彼の『画帖』には、大聖堂建築のために中世の石工たちが利用した幾何学の工夫が多数描かれているが、それに混じって、本のページの余白をどのように取るかに関する、〈ダイアグラム〉に基づいた説明も含まれている。

ヴィラールの手法は、対角線や半対角線を巧みに使って、ページの判型と縦横比が同じ長方形を縮小し、それをページ上に配置して、外側と下の余白を広く取る。この手法は、20世紀になってタイポグラファーのラウル・ロサリーボ [1903-1966] やヤン・チヒョルト [1902-1974] によって広められた。

この実用的な方法のおかげで、中世から現代まで時代を問わず、ブックデザイナーは何時間もかかる面倒な計算から解放された。例えば、横と縦の比率が4：3の見開きページにこの方法を使うと（右ページ上）、テキストフレーム（文章が入る部分）の高さがページ幅と同じになり、上の余白の幅は下の半分、内側の余白の幅は外側の半分になる。

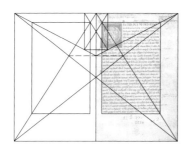
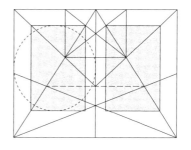

古典古代の円柱形式
ギリシャ建築の、音律による設計

代ギリシャでは、法的問題の
から発声時の母音の調子まで、
の随所で〈ダイアグラム〉のよ
分割の思考が用いられていた。

シャ建築の古典的な円柱形式
完成された比率の体系の存在
人々が幾何学と調音に関する
された知識を持っていたこと
語っている。

この体系で最も一般的な基準単
は、円柱の根元部分の直径だっ
そこに単純な自然数や分数を
けて拡大・縮小することで、建
史上最も長続きした "かたち" の
つが生み出された（下、および右
ジ上）。

アルベルティによれば、古代ロー

マの建築理論家ウィトルウィウス
［紀元前80-15］は次のような見解を
持っていた。

　建築家が規律と数学の理論を知識
　として身につけるためには、音楽の
　理解も必要である。（レオン・バッティ
　スタ・アルベルティ『建築論』(1450頃)）

　建築物の寸法を分割によって定
める体系では、基本となる長さの
単位が、その単位に基づく多様な
寸法を導き出し、設計の各部分が
調和した和音を奏でることを可能
にする。このような体系は、分数
や比の数字はいくらか違っても、
古代エジプトからインドに至る広
い地域に存在する調和的建築物の
数々に、見て取ることができる。

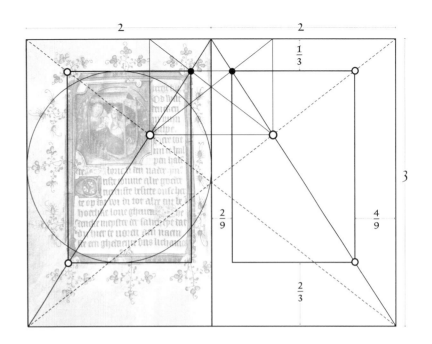

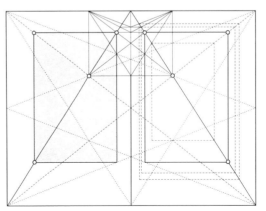

上と左：ヴィラールの規
範では、ページの幅と同
じ高さのテキストフレー
ムが作り出される。テキ
ストフレームは、上の角
が見開きページの対角線
と半対角線上に位置し、
内側と外側、上と下の余
白の幅の比は1:2になる。

左ページ：ヴィラールの
規範が定める、このペー
ジの図とは別の比率の配
置デザイン。

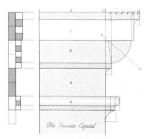

トスカナ式柱頭

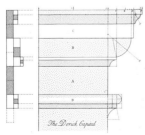

ドリス式柱頭

調和的なデザイン
比を使ってバランスのよい形を作る

伝統的なデザインでは、いたるところに調和比が顔を出す。音楽の音階や和音に見られるようなシンプルな比率の関係を使うと、異なる要素をひとつにまとめて統一感のある構成を生み出せるのだ。

従ってわれわれは、比率を完成させるためのすべての規則を、この種の数字の偉大な達人である音楽家と、自然が創り出した "最良にして完璧な姿" を持つさまざまなものから、借りなければならない。（レオン・バッティスタ・アルベルティ『建築論』1450頃）

ジョージ・ウォーカーとジム・トルピンは、共著『By Hand and Eye（手と目によりて）』の中で、比によるデザインのプロセスを説明している。「かたち」の一番主要な部分は、基準となる単位の整数倍で構成され、それに次ぐ二次的な部分にはもう少し細かい整数の比、さらにその先の分割や細部には元の単位の分数倍が用いられる（下図および右ページ下）。

18世紀半ば以降の新古典主義の建築やデザインは、古代ギリシャの建築やルネサンスの書物からこの手法を学び、夢中になって取り入れた（右ページ上）。

調和を核とした考え方を効果的かつ効率的に用いると、絵画や陶器から宝飾品や木工を経て建築や都市計画に至るあらゆる分野で、デザイナーの創造性が解き放たれる。

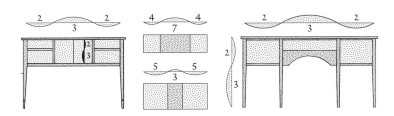

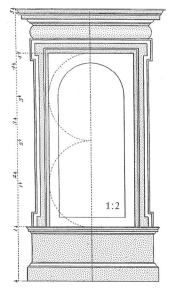

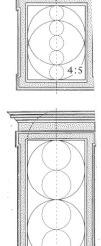

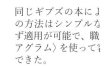

横と縦の比が1：2の窓の周囲の、分数による分割。ジェームズ・ギブズの『Rules for Drawing the Several Parts of Architecture（建築物の部分を描くための規則）』(1753) より。

左ページと下：キャビネットの主要部分から細部までのデザインに、音楽に見られるような単純な比が使えるという例。ウォーカーとトルピンの著書より。

同じギブズの本に』[...] の方法はシンプルな[...] ず適用が可能で、職[...] アグラム〉を使って[...] できた。

下：ウォーカーと[...] の長方形を等分する[...] 類か決定される。い[...] の調和性と統一感を[...]

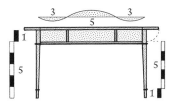

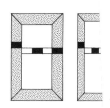

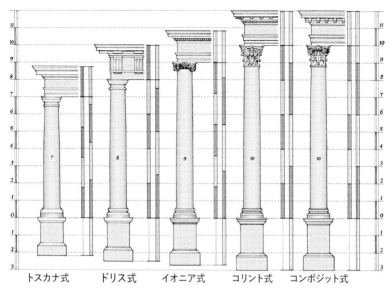

| トスカナ式 | ドリス式 | イオニア式 | コリント式 | コンポジット式 |

上：古代ギリシャ建築の古典的な円柱形式。各形式では、円柱の高さ（図の柱の部分に記された数字）を決めるために、基本単位である柱の基部の直径にそれぞれ異なる数を掛ける。次に、柱の高さに別の分数を掛けて小さくし、礎盤やエンタブラチャー（柱頭上部の水平の部分）の高さを得たり、モールディング（継ぎ目の装飾部分）の細部を決定する。

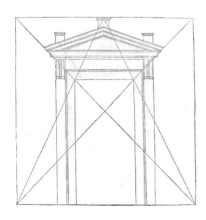

左：ウィトルウィウスが示した比率を用いた、戸口とポルティコ（ポーチ）。〈ダイアグラム〉の一部を使って、入り口の幅や、モールディングその他の細部の寸法が決められている。

左ページ：トスカナ式とドリス式の柱頭の複雑なモールディング。柱の基部の直径をもとに、調和的な分割によって寸法が決められている。古典主義・新古典主義の建築は、この革新的な手法によって、数と幾何学と調和に基づく統一性を持つものとして設計され装飾された。

調和を用いた造形

アステカの祭司からルネサンスの画家まで

〈ダイアグラム〉は、画家や建築家が構図や設計を考える際の補助ツールとして役立ち、デザインの構成要素を効果的にまとめあげる。右ページ下の絵は、レオナルド・ダ・ヴィンチ [1452-1519] の友人である数学者ルカ・パチョーリ [1447-1517] が幾何学を教えている場面で、右後ろの "生徒" はアルブレヒト・デューラー [1471-1528] だとする説もある。6：5の長方形の〈ダイアグラム〉が使われて透視図法

（遠近法）の消失点やパチョーリの像の配置を決め、他の要素にも統一性を与えている。

エジプトの墓（右ページ左上）やアンドレア・パッラーディオ [1508-1580] の古典的ファサード（下図。屋根の角度が半対角線によって決定されている）に〈ダイアグラム〉を見いだせるのは驚かないが、アステカの石彫（右ページ右上）は意外で、〈ダイアグラム〉の普遍的な性格を表すと言えよう。

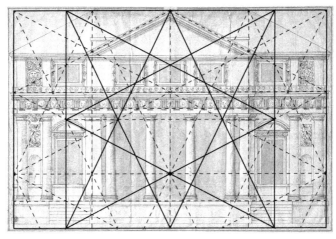

古代エジプトの宰相レクミラの墓の
偽扉。紀元前15世紀。

アステカの創造神話を刻んだ石。各
円が〈ダイアグラム〉と一致する。

ヤコポ・デ・バルバリがルカ・パチョーリを描いた絵。構図の決定に〈ダ
イアグラム〉が使われている。

透視図法
調和の体系

透視図法 (パースペクティブ、遠近法) はルネサンス期の発明だと思っている人は多いが、既にプラトンが『国家』(紀元前375年頃) の中で、「光と影によって魔法をかけ、あざむく術」と述べている。またプロクロス [412-485] は、エウクレイデス (ユークリッド) の著作の註解書でこの方法を取り上げるとともに、音の比率の研究にも言及している。

透視図法では、消失点から引かれた直線によって、実際には等間隔で配置されている物体が、画面上では次第に小さくなる調和数列として描かれるが (下および右ページ上)、これは〈ダイアグラム〉と極めてよく似ている。透視図法で長方形の中心を見つける方法は、2本の直線の調和平均の求め方 (37ページ) と同じである。「見る」という行為は、その物体がわれわれの目に投影されていることであり、投影面は物体と目の間にある (右ページ下)。

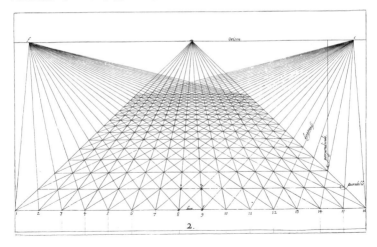

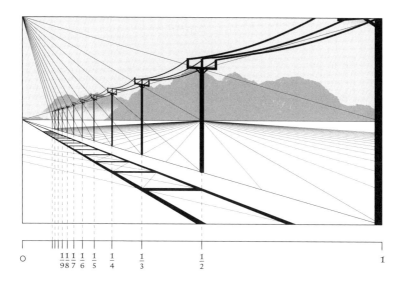

上：透視図法の適用。等間隔に配置された同じ長さのものが、調和数列に従って拡大・縮小されて描かれる。3本の線について見ると、真ん中の長さは両隣の長さの調和平均となる。透視図法はこのように、正方形の調和的分割と同じ方法で、ものの見え方を模倣する（7ページ、53ページ参照）。

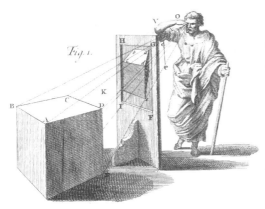

左：われわれに見えているものはすべて、目に投影されている。この図のように、投影面は目と物体の間にある。投影を利用して、物体の各点を画布やページの上に写し取ることができる。

左ページ：ハンス・フレーデマン・デ・フリース［1527-1607］による、等間隔に配置された物体の調和的な寸法を表した図。

射影幾何学
調和的な網の目

射影幾何学とは、幾何学図形を射影によって変形し、数値測定を使わずに空間的関係を研究する学問である。点を中心とするユークリッド幾何学とは異なり、面から展開されるので、点と線は互いに相手を生成することができる等しいものと考えられ、無限に続く線や面を平行線として描くことが可能である。射影図は、円錐や曲線を容易に生成し、葉、つぼみ、松ぼっくり、身体器官など自然界のものの「かたち」を定義することができる。

射影幾何学は、〈ダイアグラム〉に知られざる秘密があったことも明らかにした。パップスの六角形定理（右ページ右上）における9つの点と9本の直線は、〈ダイアグラム〉の構造とよく似ている。メビウスの網とも呼ばれる調和の網（右ページ下）は、1本の直線上の3点から生成する。調和数列を投影すると算術数列になり（下図および右ページ中段右）、幾何数列を2倍にしたものを投影すると、古代エジプトで使われたのと同じ人体寸法の規範が得られる（右ページ中段左および39ページ）。

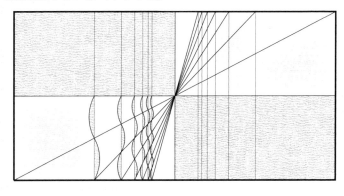

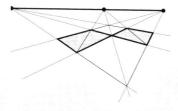

直線上の3点からの投射で生成する四角形の網の目。

〈ダイアグラム〉に似た「パップスの六角形定理」。9本の線のいずれもが3つの交点を持つ。

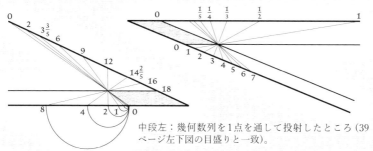

中段左：幾何数列を1点を通して投射したところ（39ページ左下図の目盛りと一致）。

中段右：算術数列の射影は調和数列になる。

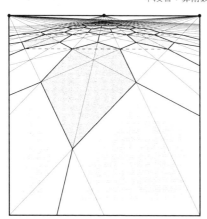

左：六角形の「調和の網」。透視図法に似た形で、たった3つの点から出る線によって作られている。

左ページ：本ページ中段右の図と同様、算術数列を射影すると調和数列が得られる。ただし、こちらのバージョンでは、線が「無限へ送られる」——つまり、平行線が無限に続く線として扱われる。垂直の算術数列は水平の調和数列へと投影される。固定された1点を通して射影した場合のこの性質は、逆数の長さ（33ページ）やファレイ数列の図（53ページ）を生み出す。

ファレイ数列の図
数学における調和分割

　既約分数を順に並べた数列（ファレイ数列）には、〈ダイアグラム〉との関わりがある。右ページ上の図は、ファレイ数列の性質を幾何学的に示している。ファレイ数列は、分母が1以下の時は$\frac{0}{1}$と$\frac{1}{1}$であり、分母が2以下の時はその真ん中に$\frac{1}{2}$が加わり、分母が3以下になると、2以下の時の各項の中間に$\frac{1}{3}$と$\frac{2}{3}$がはさまる、という具合で項が無限に増えていく。分母に新しい数が加わると、各分母はその分母に固有の0から1までの新しい数列を与える。新しい中間項は、分母同士を足して新たな分母とし、分子同士を足して新たな分子にすると得られる（例えば$\frac{0}{1}$と$\frac{1}{3}$を「足す」と$\frac{1}{4}$になる）。そして、この調和分割のプロセスは、〈ダイアグラム〉で起きているのとまったく同じである。ハンス・カイザーの「調和分割規範」（右図）は〈ダイアグラム〉の一種で、ファレイ数列の図と同様に、各辺の調和分割を示している。

　ファレイ数列は、互いに接する円からなる「フォードの円」と呼ばれる図（右ページ下）と関係がある。そこに描かれている各円の直径は、水平軸上で円の中心が位置する点に記されている分数の、分母の2乗の逆数である。フォードの円は、アポロニウスのギャスケット（互いに接する3つの円から生成されるフラクタル図形）の一種である。

　古代の幾何学で〈ダイアグラム〉が幅広く使われたように、ファレイ数列は現代の数学や物理学でよく使われている。

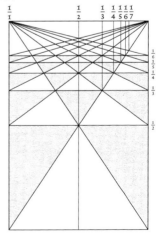

$$0 \qquad \frac{1}{8}\frac{1}{7}\ \frac{1}{6}\ \ \frac{1}{5} \qquad \frac{1}{4} \qquad \frac{1}{3} \qquad \frac{2}{5} \qquad\qquad \frac{1}{2} \qquad\qquad \frac{3}{5} \qquad \frac{2}{3} \qquad\qquad \frac{3}{4} \qquad\quad \frac{4}{5}\ \ \frac{5}{6}\frac{6}{7}\frac{7}{8} \qquad 1$$

アライメント（向きを何かに合わせること）

景観に魔法をかける術

古代の人々は、ものごとを比率で考えた。本書でも古代エジプトや古代ギリシャの建築や芸術の例を見てきたが、比率を使うという手法はどれくらい昔までさかのぼれるのだろうか？　古代計量学の研究者ジョン・ニールは網羅的な研究を行って、文明の最も初期の段階から、分数と音程を統合した測量体系が世界各地で用いられていたことを示した。

考古学者ハワード・クロウハーストも、同様の発見をしている。それによれば、多くの古代遺跡で縦横の比が整数で表せる長方形が利用され、巨石遺構からピラミッドに至るまでの壮大な土木工事の設計にしばしば役立てられていた（下図および右ページ）。例えば、フランスのブルターニュにある「カルナックの列石」は7000年以上前のものだが、何千個もの巨石の配置には、1：2と1：3の長方形や、3：4：5の三角形が使われている。カルナック列石では、その土地での太陽と月の出入りの方角も、やはり幾何学図形と重なる。これを造った人々は、幾何学を日光や月光のエネルギーと結び付けて考えていたのかもしれない。

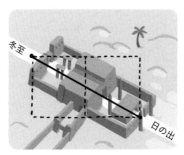

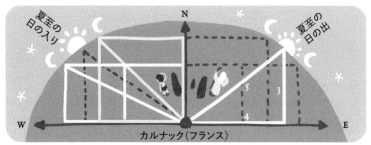

カルナックの緯度では、辺の向きを北に合わせた正方形と1：2の長方形の対角線が、月の出・月の入りの範囲の両端と重なり、3：4：5の三角形が夏至における日の出・日の入りと一致する。カルナックにあるクルクノ・ドルメンという巨石遺構は3：4の長方形をしており、対角線は5である。

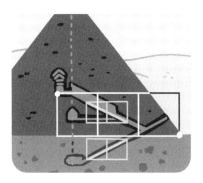

左：カルナックの列石のうち、西にあるメネク列石群では、東西に長軸を合わせた1：3の長方形の対角線の向きに、数百の巨石が整列している。その東のケルマリオ列石群では向きが変わり、1：2の長方形の対角線方向に並ぶ。正方形、1：2と1：3の長方形、3：4：5の三角形という始原的な幾何学図形の使用は、古代の列石の測量と建造においてこれらの図形が規範として重要だったことを明確に物語っている。

左下：ギザの大ピラミッドの「王の間」への上昇通路と「地下室」への下降通路は、1：2の長方形の対角線の角度で造られている。

左ページの左：エジプトのルクソールのカルナック神殿。縦横比1：2の長方形の対角線が、冬至の日の出の方角に合っている。

左ページの右：ギザにあるクフ王の大ピラミッドとカフラー王のピラミッドの参道は、1：4の長方形の対角線と合致している。

（イラストは Patrick-Yves Lachambre による）

比率はあらゆる場所に

調和比に満ちた自然界

ハンス・カイザーはその生涯を調和的現象の研究に費やし、植物の枝分かれ（下左）や、シダの葉の大きさの透視画法に似た減少（下右）や、波の動き、巻き貝の殻の発育、結晶の成長などの中に幾何学的な調和が見られるとする、説得力のある証拠を発見した。自然と人間による創造現象のすべては、有理数によって、あるいはそれを体現した調和的・幾何学的な「かたち」によって、置き換えることができる。これは、神秘論者のゲオルギー・グルジエフ [1866-1949] が「バイブレーションの法則」と呼んだ考え方である。原子における電子軌道のエネルギー状態（下中央）にさえ、調和が存在する。

物理学者ヘルマン・フォン・ヘルムホルツ [1821-1894] は、聴覚を"最も数学的な感覚"と表現した。目で見分けられる光の波長の違いはおよそ $\frac{1}{24}$ mm が限界だが、耳は音の波長の違いを $\frac{1}{200}$ mm まで聞き分けるからである。

体の平衡感覚と聴覚は密接に関係している。平衡感覚を司っているのは、耳の奥（内耳）にある三半規管である。視覚と聴覚は、互いに逆の特性を持つ。というのも、目は等間隔にある物体を調和的と捉え、耳は調和的な音程を等間隔として捉えるのである（右ページ）。われわれの感覚は、宇宙の調和環境の中で発達したのだ。

p軌道

s軌道

$\frac{1}{1}$　$\frac{1}{2}$　$\frac{1}{3}$　$\frac{1}{4}$　$\frac{1}{5}$　$\frac{1}{6}$

1

3

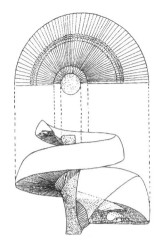

上：典型的な正弦曲線を示す弦の振動。植物の葉の形や水面の波の動きを連想させる。（画像作成：Andrew David）

左：20世紀初めに描かれた、内耳の蝸牛（かぎゅう）の図。当時は、小さな渦巻の内部にある毛の長さが場所によって調和的に異なり、まるでパイプオルガンのようにそれぞれが特定の周波数で振動するという説があった（現代ではその考え方は否定されている）。

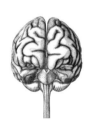

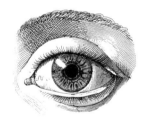

実際の振動周波数（調和的な間隔）

実際の物体（等間隔配置）

聞こえる音程（等間隔と感じる）

見た時の感じ方（調和的な間隔）

感覚の相互関係。調和的な周波数の間隔を持つ音は、耳で聞くと等間隔に感じる。等間隔のものを目で見ると、調和的な間隔に見える。

起源への帰還
1点への収束

〈ダイアグラム〉は、さまざまな領域を統合した科学から生み出されたものであり、宇宙的秩序（コスモス）の精神を形として描いたものである。〈ダイアグラム〉は、図でありながら数である。数はわれわれの永遠の本質を引き出す。数はその振る舞いと性質を通じて、自らの姿を示す。数は変化しない。われわれが、数との関係や発見によって変化するのである。プラトンは数について「われわれの内部で起こる革命的変化の際に、あらゆる不調和を秩序と調和に還元してくれる、天から与えられた味方」と言っている。数は普遍的な愛の衝動であり、自由に与え、何も奪わない。

数字の代わりにリサジュー図形を使ったピタゴラスの除算表（下、19ページ参照）は、常に神秘的な1点から投射されるか、そこに戻るかする。その点とはすなわち、すべての源であり、存在するが大きさを持たず、測定不可能なもの――「永遠」に似たなにものかである。

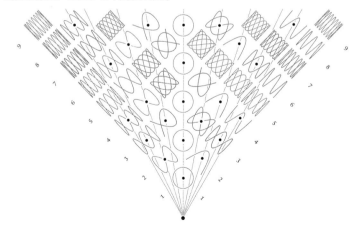

著者●アダム・テットロウ

芸術の中の幾何学、とくにケルト紋様の中の幾何学的パターンの研究に定評がある。ロンドンのプリンス伝統芸術学校で教鞭をとる。著作に『ケルト紋様の幾何学』(本シリーズ) がある。

訳者●駒田曜 (こまだ　よう)

翻訳者。訳書に『幾何学の不思議』『シンメトリー』『フラクタル』『数の謎はどこまで解けたか』(本シリーズ) など。

〈ダイアグラム〉の不思議 　半対角線が創り出す驚きの幾何学

2023年3月20日　第1版第1刷発行

著　者　アダム・テットロウ

訳　者　駒田　曜

発行者　矢部敬一

発行所　株式会社 創元社
　　　　〈本　　社〉
　　　　〒541-0047　大阪市中央区淡路町4-3-6
　　　　TEL.06-6231-9010 (代)　FAX.06-6233-3111 (代)
　　　　〈東京支店〉
　　　　〒101-0051　東京都千代田区神田神保町1-2 田辺ビル
　　　　TEL.03-6811-0662 (代)
　　　　https://www.sogensha.co.jp/

印刷所　図書印刷株式会社

装　丁　WOODEN BOOKS

©2023, Printed in Japan
ISBN978-4-422-21543-3　C0370